你可能有一个疑问：

这是一本什么书？

在本书的开篇，

我们来讨论一个

礼貌又不失尴尬的问题：

在某个瞬间，

后悔养了猫？

有一说一，

就算是

最淡定、**最老牌的猫奴，**

也可能偶尔在脑海里

蹦出这句话——

这猫，

我不想要了！

当 TA

一掌帮你快速解决

一瓶“神仙水”时；

当 TA

两爪子做旧

你的限量版球鞋时；

（还好我没钱买限量版球鞋。）

当 TA

半夜尿穿你的

最后一床被子时；

瞬间4

当你

用心伺候主子，

却被 TA“家暴”时；

当 TA 将你的电脑

一键关机，

让你熬了 72 小时写的方案

瞬间消失时。

诸如此类，是不是都让你哭着大喊——

李小孩儿 绘
有毛UMao团队 编

人民邮电出版社
北京

图书在版编目（CIP）数据

养了猫，我就后悔了 / 李小孩儿绘 ; 有毛UMao团队编. -- 北京 : 人民邮电出版社, 2021.12(2023.10重印)
ISBN 978-7-115-57503-6

Ⅰ. ①养… Ⅱ. ①李… ②有… Ⅲ. ①猫－儿童读物
Ⅳ. ①Q959.838-49

中国版本图书馆CIP数据核字(2021)第200423号

内 容 提 要

你知道小猫咪为什么会有不同的花色吗？你知道小猫咪为什么总是“爪贱”吗？主人怀孕了，小猫咪会知道吗？这是一本充满“萌力”的有关小猫咪的漫画书，由养猫多年的科普漫画家创作。

本书共3章，以风趣幽默、可爱十足的漫画形式，叙述了猫主人李小孩儿和她的小猫咪之间的故事，还原养猫人的爆笑生活，同时将与小猫咪有关的知识融入其中。漫画单独成篇，每一篇都可以快速读完。打开本书，你可以一边“哈哈哈哈”，一边了解小猫咪，并且感动于猫主人与小猫咪之间的感情。

本书适合猫咪爱好者、猫主人、喜爱“云吸猫”的人士阅读。

◆ 绘　　　李小孩儿
编　　　有毛 UMao 团队
责任编辑　魏夏莹
责任印制　周昇亮
◆ 人民邮电出版社出版发行　　北京市丰台区成寿寺路 11 号
邮编　100164　　电子邮件　315@ptpress.com.cn
网址　https://www.ptpress.com.cn
北京九天鸿程印刷有限责任公司印刷
◆ 开本：700×1000　1/16
印张：9　　　　2021 年 12 月第 1 版
字数：230 千字　　　　2023 年 10 月北京第 9 次印刷

定价：49.80 元

读者服务热线：(010)81055296　印装质量热线：(010)81055316
反盗版热线：(010)81055315
广告经营许可证：京东市监广登字 20170147 号

主要人物介绍

李小孩儿 一个有社交恐惧症的“铲屎官”，喜欢世界上所有猫科动物，重度“猫癌”患者。虽然养猫有一段时间了，但还是会遇到各种问题。

毛毛 一只混血奶牛猫，男孩子，2 岁，猫中“深井冰”，精力旺盛，傲娇又黏人，从来不会“喵喵”叫，经常欺负人类铲屎官。

干饭宝 短毛小橘猫，男孩子，是毛毛的好朋友。

赵大童 李小孩儿的朋友，十年老“猫奴”，美食爱好者，经常帮助李小孩儿应对猫咪的健康问题。

小葵 赵大童的猫咪之一，是一只体重曾达到 19.2 斤的大号橘猫，也是男孩子，最喜欢的是“吃吃吃”。

酸奶 赵大童的另一只猫咪，长毛白猫小公主，甜美又傲娇。

目录

Chapter 01

养了猫，才知道你是这样的小猫咪

Chapter 02

养了猫，我竟然变成了这样

Chapter 03

养了猫，才发现我们其实不懂猫

Chapter

01

养了猫，才知道你是这样的小猫咪

小猫咪为什么总是如此“爪贱”？

李小孩儿今天特别想知道，是不是每一只小猫咪的爪子都这样“**贱嗖嗖**”的？

无论是小瓶盖，

还是“大苹果”，

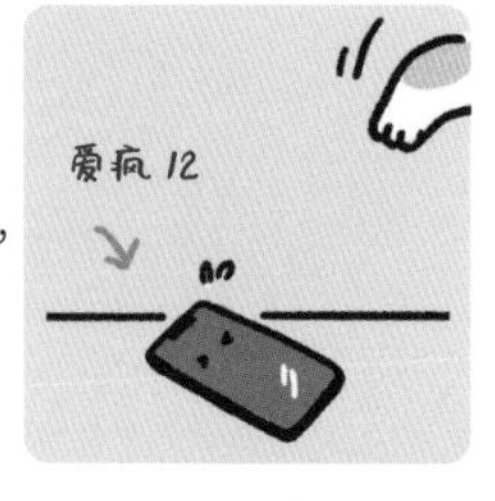

或是口红，

只要看到，
就要**推倒它！**

它还带着那么点儿“霸道”属性，
尤其不会放过
那些落单的小可怜。

小猫咪
为什么总是如此“爪贱”？

JIÀN

这可能是因为
它的狩猎本能在作祟！

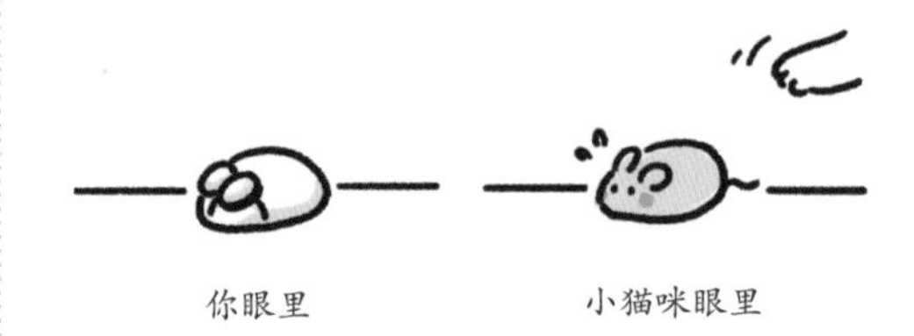

它幻想自己的“主动”能换来一点儿反应，
最好来一场追逐赛。

当然，
结局注定落寞。

有什么……

奇妙的事情发生？

结果当然是……

什么也不会发生。

这也有可能是因为
小猫咪的好奇心！

碰碰它，甚至把它碰掉……

会不会……

这还可能是因为
它想引起铲屎官的注意！

比如这样……

这一招
往往能得到不错的回应呢！

归根结底，
也许还是因为小猫咪
太无聊了。

但是，
还有一种可能：
也许在另一个次元，
在人类看不到的世界里，
发生了这样的事情呢……

所以，
你家的小猫咪为啥“爪贱”，
现在你知道了吗？

02 小猫咪为什么总打扰人类做正经事？

你有没有这样的困扰：
小猫咪总是会在一些
很重要、很严肃的时刻……

比如，
你工作时……

再比如，
你打电话时……

再再比如，
你开视频会议时……

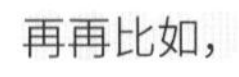

总之，越忙的时候，
小猫咪越会“及时”出现，
出爪干扰，
丝毫不为“打工人”着想。

但当我们真的闲下来时，
它们却……

换了副嘴脸。

你也许很想问，
小猫咪难道是故意的？

其实，这可能是由于
你眼里的自己，
和小猫咪眼里的你不一样。

在你看来，
你可能是在“忙着”……

但在小猫咪看来，

此时的你，
既没有外出打猎，
在家也
完全没干正经事儿！

小猫咪眼中的正经事——

捕猎，

“嗯嗯”ing……

而你只是——

懒懒散散、
什么事也不干地
在那里坐着而已。

★小猫咪眼中在工作的你

完全是闲着没事儿嘛！

而且，
你觉得自己只忙了一阵子，
殊不知小猫咪已经等了
很久很久了……

★承认吧，什么工作，你有时只是单纯追剧两小时

在小猫咪看来，
你好不容易在家又**“啥也没干”**，
为啥就不能……

“理喵一下呢？”

小猫咪也是很孤独的啊！

所以，李小孩儿在此呼吁：
无论你是在工作、追剧，
还是在做别的什么正经事儿，

最好每隔一会儿，
就和小猫咪来点儿互动。

这耽误不了你几分钟的！
但是，
为啥我闲下来找猫玩，

呃……
确实很忙。

原来你是对体重没数的小猫咪

“喵星人”是不是觉得
自己始终都是个宝宝？

觉得自己
永远**幼小**、永远**瘦弱**，

不然它怎么会
对自己的体重
没有一点儿数呢？

你也遇到过
这些情况吧：

睡着睡着，
突然就无法呼吸了；

再小的盒子，
它也认为能装下自己；

下楼或下床的时候，
会发出“duang duang”的声音，

让人心惊肉跳；

在家跑酷的时候，
晃动的肚腩还算赏心悦目，

但当它踩到你的时候就
……

明明是只肥猫，
却总有一种自己是宝宝的错觉。

我们看到的毛毛

毛毛心中的自己

但它跳下来的时候，
身为脚垫的铲屎官在哭泣。

压塌炕也不再是
一种夸张的表现手法了，

简易衣柜买来的第一天

一个月后

（注：这个故事真实发生过。）

而！是！事！实！

所以，
小猫咪知道自己
是肥嘟嘟的吗？

看它们吃饭的架势，
好像是不知道的。

这可能也是因为，
在小猫咪的世界里，
它们好像从不歧视“胖纸”。

而“猫奴”更是喜欢
胖嘟嘟的小猫咪。

但肥胖确实不是一件好事，
它会带来很多健康问题，比如：

所以，
小猫咪还是
不要太胖为好啊！

但我觉得，
小猫咪在有些时候
应该是有点儿自知之明的：

比如，
爬进**猫砂盆**都费劲的时候；

注意：胖猫和老年猫最好别用这种猫砂盆！

比如，
无数次艰难地跳上窗台的时候；

还有再也无法被
舒服地抱抱的时候……

小猫咪也许不明白为什么，
也一定很纳闷：
我还是不是你
弱小、可怜、无助又瘦弱的宝宝了？

但最终，
这一定又会变成铲屎官的错。

小胖猫还是先睡一觉起来，
干了饭再说吧！

上厕所这件事，必须要有仪式感

作为可可爱爱的小猫咪，

生活必须要有仪式感。

特别是在“猫生”最重要的组成部分——

上厕所这件事上，

小猫咪容不得一点儿马虎！

每个细节都**拿捏得“死死”**的。

你家是不是也有

同款小猫咪？

一次完美的如厕，

从**掐点儿“卸货”**开始。

对小猫咪来说，最好的时机就是……

铲屎官刚刚**把屎铲完，**

把**猫砂铺平**的那一刻……

0.0000001 秒后

知识点①

铲屎官**准备“干饭”，**

马上要吃到鸡腿的那一刻……

0.0000001 秒后

铲屎官躺平了，
马上要睡着的那一刻……

0.0000001 秒后

知识点③

小猫咪们除了“卡点”上厕所，
“卸货”姿势也要
可可爱爱才行。
花式上厕所了解一下?

“正经”小猫咪上厕所，
规规矩矩。

浮夸小猫咪上厕所，
给大家表演
一个劈叉!

憨憨小猫咪上厕所，
呃……

"卸货"完毕，
接下来自然是最重要的——
氛围感埋臭臭时间！

众所周知，埋臭臭的技术含量极高！
所以只有少数正规**"埋臭臭职业学校"**的
毕业喵掌握了此项技能！

更多的小猫咪是
妥妥的后进生！

但不管小猫咪们技术如何，
氛围感都营造得足足的。

它们
挠盆儿，

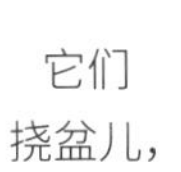

挠墙，

挠空气，

一套动作下来，
仪式感满满。

实际上，
埋了个"寂寞"。

更有些小猫咪，**连氛围感都不需要，**
只需要一个华丽的转身。

这种事自然会有其他小猫咪或
身份地位更低的成员代劳。

埋是不可能埋的，这辈子都不会埋的。
——毛毛本毛

这场仪式的最后，当然要来个**完美的收场**。
那就是——

绕场跑酷 3 圈半！
个中原因，只是因为爽！太爽了！！

最后的最后，
还有些特别精致的小猫咪，
会进行舔屁屁环节。
而某些小猫咪……

也会找到自己的**解决办法！**

划重点！
虽然小猫咪如厕的操作
经常**让铲屎官陷入崩溃。**

但这全部都是为了体现
铲屎官存在的意义呀！
小猫咪啥都做了，还要你干吗？

知识点①

问：为什么小猫咪这么喜欢用干净的猫砂？

答：当然是因为“jiǒ”感好啦！

知识点②

问：为什么小猫咪喜欢在铲屎官吃饭的时候上厕所？

答：原因不明，可能是因为在铲屎官吃饭的时候上厕所，铲屎官总能用最快的速度把臭臭收走，效率比较高吧。

知识点③

问：为什么小猫咪喜欢半夜上厕所？

答：夜晚对人类来说是躺平的时刻，对小猫咪来说却是“蹦迪”的时间，它当然要先上厕所再“蹦迪”啦。

知识点④

问：为什么有些小猫咪上厕所的姿势那么奇怪？

答：除了可能是“个猫癖好”外，最有可能是因为“主子”对猫砂的脚感不满意或猫砂盆太脏，它不愿意涉足。至于拉出猫砂盆的情况，很明显是猫砂盆太小了，请换个大的！（大于猫咪体积的 1.5 倍。）

知识点⑤

问：为什么有些小猫咪不会埋臭臭？

答：埋臭臭技能是真的需要从猫妈妈或兄弟姐妹那里学习的。有些小猫咪过早离开了妈妈和兄弟姐妹，没有学过这项技能，但受本能驱使，冥冥之中觉得需要做一套动作，所以就乱挠一气，反正该做的都做了，结果就听天由命吧……

知识点⑥

问：为什么有些小猫咪会让别的猫 / 人代替自己来埋便便？

答：猫行为学专家们认为，小猫咪掩埋粪便主要是为了隐藏自己的气味，以免被捕食者发现，而在安全感较高的中心领地不需要这样做，所以家猫也会有不埋便便的行为。还有些猫群中的首领也不会埋，而是让“小弟们”代劳。是的，就是你！

知识点⑦

问：如果小猫咪频繁挂屎，铲屎官应该怎么办？

答：铲屎官要先排查小猫咪是否有消化问题。如果小猫咪出现蹭着屁股走的行为，也有可能是肛门腺出了问题，需要清理或寻求医生的帮助。

如果铲屎官突然“挂了”，小猫咪会怎么做？

铲屎官大概是全世界
最让小猫咪操心的糟心生物，
没有之一。

而且他们总喜欢做出一些“迷惑行为”，
比如：

装死给小猫咪看。

紧张、兴奋、“jiǒ”有点痒。

然而，
小猫咪的反应，
往往和铲屎官想看到的不太一样。

有些小猫咪
波澜不惊。

“你在怀疑我的智商吗？”

有些小猫咪
无动于衷。

“呜呜呜……能不能看看我。”

有些小猫咪

暗中观察，

并在**危险的边缘**试探。

有的小猫咪

找到了一片新天地。

还有的小猫咪

就没出现过。

体重过重或表演欲过强的铲屎官请不要进行装死游戏。

结果会令人心碎，

难道

这么多年的感情终究是错付了？

呜呜呜……隔壁二狗好歹还在它主人身旁尿了一泡呢！

其实，

这主要是因为你们

太小看小猫咪了！

小猫咪能从你的**气息、心跳和体温**变化，

清楚地知道你是不是真的**“挂了”**，

所以假装也没用。

小猫咪的听觉、嗅觉、感知能力都超强。

但这不代表它真的不担心你，

如果你装死的时间太久，
小猫咪可能会**走过去看看你**，

也会担心
你为啥**这么久**还不起来。

然而就算发现有异常，
它们也什么都做不了。

它们只能
默默在旁边**守着你，陪着你。**

或者认真思考：
既然铲屎官不能用了，
那么什么时候可以开饭呢？

这种时候你就会发现，
原来——

这个游戏一点儿也不好玩！

如果你叫小猫咪时它没反应，99%是因为……

猫可以听见频率为

45Hz~64000Hz

的声音，

猫的听力范围是人类听力范围的 3 倍！

猫的耳朵拥有

32 块肌肉，

可以 180°旋转定位声源。

猫的耳廓

还有独特的附加设备，

猫耳上的这个结构可以增强对高频声音的接受力，被称为“亨利的口袋”。

猫可以听见

20 米外一只小**老鼠**的低语。

有一个**实验证明**，

猫能**认出主人**的声音。

所以，

当你**深情地呼唤它时**，

它**能听**见，可以**准确定位**声源，**也知道是谁在叫它**。

猫只是发自内心地——

懒得理你！

经科学研究，关于小猫咪有时不回应人类的呼唤的原因，可能还有以下几点。

1. 在野外，猫随意回应容易暴露自己的位置，很危险，所以一般选择不回应。

2. 猫只知道你发出了声音，并不知道你想让它干什么，所以决定先观察观察再说。

3. 猫是“机会主义者”，觉得叫名字没啥好事儿就没必要回答。但它们听到开罐头的声音往往反应激烈，所以你可以把“叫名字”和“好吃的”联系起来试试。

4. 猫已经用尾巴回应了。猫的尾巴尖轻轻地抖动，就表示“听见了，听见了”。

小猫咪会嫌弃铲屎官长得“丑”吗？

不少铲屎官发现，

自家的小猫咪怎么撸都行，

就是不喜欢——

被亲亲！

这不仅是因为

嘴对嘴亲亲

不是小猫咪表达爱意的方式。

蹭蹭、舔舔、抱抱才是。

也不仅是因为

被抱起来亲亲

让小猫咪感觉不安全。

姿势被控制、两脚悬空，这些都让小猫咪不安。

还是因为……

某天铲屎官心情大好，

于是化了个**美美的妆**，

喷上最喜欢的香水，

散发着独特的魅力
和
自信的光辉，

抓住小猫咪想给它一个
爱的亲亲时，

也许它眼里的你，
是——

这……

样的！

现在你知道，

小猫咪为啥
不喜欢你的亲亲了吧？

不过，小猫咪
会嫌弃铲屎官长得“丑”吗？

想知道答案，
先要了解
它们眼中的世界是什么样的。

首先，
小猫咪的眼睛很大，
眼球的大小几乎和人类相当。

人类的眼睛和脸的比例如果像小猫咪一样，
就变成战斗天使阿丽塔了。

小猫咪的视野比人类宽阔，
因此更容易发现猎物。

人类的视野 180°

小猫咪的视野 200°

小猫咪的瞳孔可以扩大到
人类的 3 倍，
能最大限度地捕捉光线。

它们的视网膜下还覆盖着
反光色素层，
能让它们在黑暗的环境中
提高 **40%** 的敏感度。

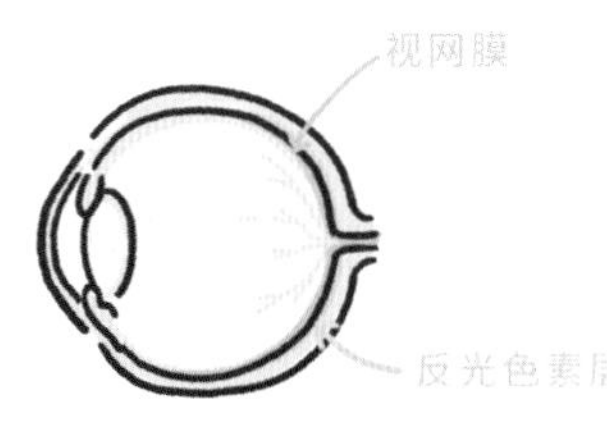

反光色素层会把捕捉到的光线再次反射进眼球，
以获取更多的信息。

这也是小猫咪的眼睛在夜晚会变成
“激光眼”的原因。

因此，
即使在很微弱的光线下，
小猫咪也能看清事物。

不过，它们的视力非常普通，
太近或太远的事物都看不清楚。

而且科学家发现，
室外猫中患有**远视的**比较多，
室内猫则大多患有**近视。**

不过，
小猫咪对**移动**的**物体**
非常敏感。

另外，
小猫咪对颜色好像不太感兴趣，
似乎只能分辨出

黄色 和 蓝色。

红色在小猫咪的眼里
只是不同色阶的灰色。

所以，
它们对口红色号的敏感度
和一些男生差不多。

人们还发现，
小猫咪对同类的面孔很“拎得清”，
但人脸识别能力却差得离谱。

小猫咪对同类面孔的识别概率超过 90%，

对人类面孔的识别概率只有 50%，基本等于随机瞎猜。

综上所述，
只要你站得**很近**或**较远，**
并保持静止，

小猫咪会依靠嗅觉、听觉综合判断，认出你。

小猫咪是不会嫌弃
你“丑”的。

因为，
它们根本
看不清楚。

而且就算看清了，
它们也
完全不在乎你的长相。

小猫咪不理你？传你7个神秘召唤术

有时候，养猫很让人苦恼。

小猫咪明明在家，
却好像消失了一样。
对你的召唤，

没有丝毫的反应。

李小孩儿才不会告诉你，
其实是因为你的**召唤咒语**念得不对！

今天李小孩儿就传授大家
7个神秘召唤术！
只要做对了，
小猫咪就会"噗"地一下
出现在**你面前**哟！

集齐7个召唤术，
说不定还有惊喜！

1号 "马桶"召唤术

进入厕所，坐上马桶；
将门虚掩，效果更佳。

如假包换的“陪厕猫”
很快就会到达！

2号 “利用其他小猫咪”召唤术

小猫咪也有**嫉妒**心和**攀比**心，
因此当它发现你撸别的小猫咪不撸它时，
可能会暗戳戳地靠过来。

这时如果它没有马上过来，
你可以……

放一段**其他小猫咪**的视频或音频，
它很可能就会马上跑过来哟！

注意不要伤及无辜……

3号 “正经事儿”召唤术

你只要打开电脑，
摆出要**干正经事儿**的姿势，

你的小可爱就会
马上出现！

4号

“刺啦刺啦”召唤术

拿出一个珍藏已久的塑料袋或纸袋，

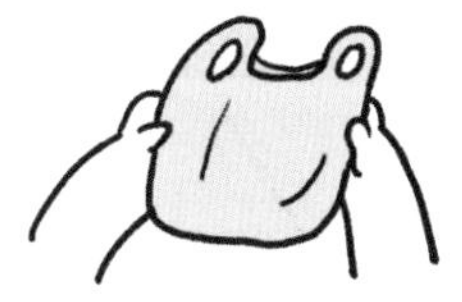

“蹂躏”它，

让它发出“刺啦刺啦”的声音。

召唤完成

知识点③

5号

“一位怕猫的朋友”召唤术

当你请一位对猫“不感冒”

甚至**有点怕**猫的朋友来做客。

你会发现，

冷淡的小猫咪

突然就热情了起来……

知识点④

6号

“温暖”召唤术

想方设法让自己变成

“人肉暖宝宝”，

就能轻而易举地得到小猫咪的“宠幸”。

此方法在**冬天**尤为有效，

成功率超过 80%，

但是一到**夏天**就不灵了。

好在我们还有最后一招！

7号

“史上最强”召唤术

此招不灵，“毛毛”倒着写。

那就是

猫咪召唤术的撒手锏，

你要做的只是让罐头

发出一点点声音，

就能收获一屋子

的小猫咪！

如果小猫咪们一时没反应，

还可以用“加强咒”，

打开罐头，让味道“飞”一会儿。

召唤成功率能提升到

100%！

知识点①

小猫咪“陪厕”，可能是源于好奇心，它或许认为你正背着它偷吃好东西吧……

知识点②

当你做正经事儿时，在小猫咪眼里就是“啥也没做、可以玩”的状态。

知识点③

很多小猫咪对“刺啦”的声音十分着迷，据说是因为这种声音和鸟类扇动翅膀的声音类似。

知识点④

怕猫的人类不敢和猫对视，这反而会让猫感到安心。因为对猫而言，来自陌生动物的对视往往是挑衅的信号。

09

拥有一只“高情商”的小猫咪，是什么样的体验？

虽然作为铲屎官，
每天接受**心灵的暴击**
不是什么新鲜事。

但总有些小猫咪会用它们
“高情商”的行为，
让我们感受到

**“伤害不大，
侮辱性极强”**
的快乐。

快来看看，
你家也有这样的
“高情商”的小猫咪吗？

关于叫早

如何在凌晨 4 点叫醒铲屎官？

VS

干饭宝
（萌新小猫咪）

毛毛本毛
（干饭“老司机”）

低情商小猫咪

用声音叫早

高情商小猫咪

用体重叫早

关于陪玩

如何让人类一秒开启陪玩功能？

低情商小猫咪

动之以情

翻译：亲爱的人类，你愿意陪你可爱的小猫咪玩一会儿吗？

高情商小猫咪

晓之以理

翻译：你今日的工作时间 30 分钟已达标（其实不到 5 分钟），建议站起来活动一下！

对食物不满

这款猫粮太难吃了，赶紧给我换！

低情商小猫咪

绝食抗议

高情商小猫咪

埋臭臭伺候

对猫砂爱不起来

打死本喵也不想用这款猫砂！

低情商小猫咪

乱尿警告

高情商小猫咪

自助解决

嫌弃铲屎官的颜值

有一说一，实在搞不懂人类的颜

低情商小猫咪

生理“丑拒”

高情商小猫咪

心理侮辱

稳固家庭地位

你只需要把它们带回家，剩下的……

低情商小猫咪

搞定铲屎官

高情商小猫咪

搞定他 / 她的家人

猫粮钱赚不够就不要回来了!

当然，所谓低、高情商，纯属铲屎官的娱乐，不要当真。

所以，

低情商的小猫咪和**高情商**的小猫咪，

你会选哪款呢？

其实，管它啥情商，有猫就好！

低情商小猫咪

小孩子才做选择，

成年人两种都要！

高情商小猫咪

铲屎官是猫的财产，

没有选择权！

知识点①

有些小猫咪真的会用“不让你工作”的方式来吸引主人的注意，对它们来说，主人追它们也是一种陪玩方式……

知识点②

小猫咪对食物做埋臭臭的动作，除了是因为不喜欢这种味道，也有可能是它们想把食物藏起来，留着下次吃。

一只小猫咪的变化能有多大

世界上速度最快的，
除了光，

c=299792458m/s

和我账户里的“小钱钱”，

我都没看见它们的影子，
它们就消失了。

就是
小猫咪的青春了。

以前的毛毛

几乎是一眨眼的工夫，
我们的小猫咪就——

现在的毛毛

“嘭”的一声长大了。

是的，本节我们就是要来聊聊

一只小猫咪的变化。

在和铲屎官相处的日子里，
小猫咪们各有各的变化，
有的“一毛一样”，
有的“判若两喵”，

毫无规律可言。

有的小猫咪
小时候就可可爱爱，

长大后更是

可可爱爱

的放大加粗版本。

有的小猫咪

本来**弱小可怜**，

最终却成功“逆袭”，

胖若两猫，

对得起吃下的每一粒“**猪饲料**”。

而有的小猫咪

看起来是正经的奶猫幼崽，

没想到快速发育成了——

真“猥琐大猫”，

连气质都变了。

而说到**外表的变化**，

所有的小猫咪恐怕都比不上暹罗猫。

刚“出道”时**白白嫩嫩**，

然而一个冬天就——

化身“挖煤工”，

“糊”到连亲妈都认不出了！

外表的**变化**只是其中一方面。

有很多小猫咪

虽然**外表**有了**变化**，

灵魂却和小时候“一毛一样”。

比如小时候要陪睡，

长大后还要陪睡；

从前最爱纸箱，

现在依然对它不离不弃；

从前踩奶，

现在还踩（索）奶（命）。

当然，
也有些小猫咪，
年纪轻轻就过上了
保温杯里泡枸杞的“中老年”生活。

以前玩逗猫棒，

现在玩逗猫棒……

令铲屎官怀疑自己逗的不是猫，
而是“寂寞”。

原来**干饭**，

现在**干饭**，

饭还是一样的饭，但小猫咪不一样了。

更过分的是，
以前**埋臭臭**

现在……

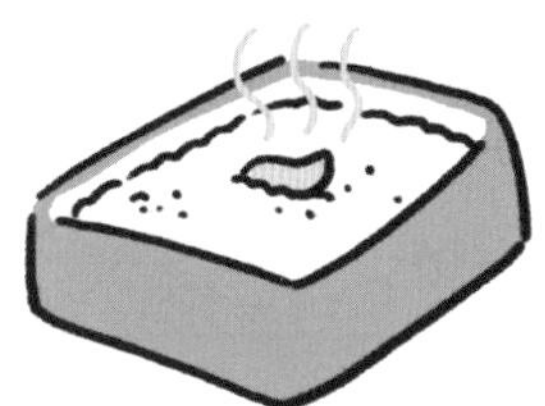

所以，
你家**小猫咪的变化**是哪一种呢？

其实，
无论是哪种，
总会让**铲屎官**忍不住感叹：

小猫咪长得太快了！

第一次的抱抱

而一只**小猫咪**，
无论是从“萌懂”**小奶猫**到**中年大猫**，
还是从**翩翩少年**到**垂垂老者**，
有一样是不会变的，
那就是——

现在的抱抱

对我们**沉甸甸的爱**。

就这样说好啦，小猫咪，无论你怎么变，
我们都不要分开呀！

“渣猫”测试，看看你的小猫咪是几级

这次，
我们来聊聊喵星人中最庞大的群体——

“渣猫”。

高战斗力生物，
拥有极强的破坏力和打击心灵能力，
基本属于“逮谁灭谁”的存在。

而且存在范围之广、数量之大，
绝对超乎你的想象。

据观察，所有家庭中的喵星人
都存在不同等级的“渣”属性。

不信？
本节李小孩儿就整理出了一份——

渣猫等级排行榜。

1级渣猫

惹怒你就很开心，
总喜欢搞点破坏吸引你注意的——
“小贱猫”。

比如：

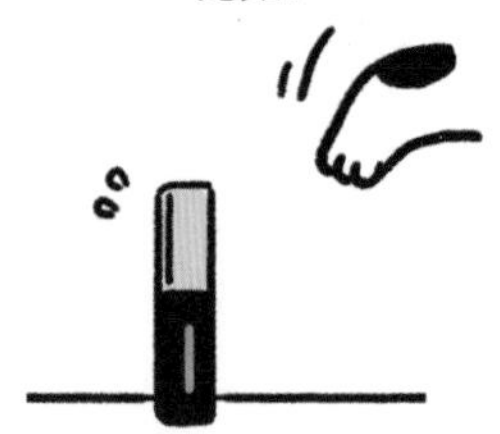

……

MAD言： 别生气嘛，
我又没做啥出格的。

以下是铲屎官们在网上的控诉：

锁定桌面上的物品，逮啥推啥，“啪叽”“咣当”“哗啦啦啦”，听到响儿才心满意足。

如果你看到它正预谋搞破坏，怒视它时，它会在停顿一秒后，盯着你的双眼慢慢地——**“啪！”**。

这样的猫自我意识过剩，有点无聊（又欠揍），但你还真舍不得揍它。

2 级渣猫

干了饭就懒得理你，
完全当你是人形喂食器的——
“冰山软饭猫”。

MAO 言： 吃的呢？喝的呢？玩的呢？铲屎了吗？好了，你可以退下了。

铲屎官控诉：

> 想吃饭的时候喵喵叫，嗲得人“头皮发麻”，吃完罐头就翻脸不认人了。
>
> ---
>
> 你可以尽情撸它的时间，只有开饭前的 5 分钟，撸完感觉好像做了一场梦……
>
> ---
>
> 一点都不懂得讨好**“金主”**，完全没有吃人嘴短的自觉啊!

3 级渣猫

明明是个超过 20 斤的胖子，
却依然把自己当宝宝的——
“妈宝猫”。

MAO 言： 要做你一辈子的小可爱哦。

铲屎官控诉：

> 一只大肥猫，一边打呼噜一边在你胸口踩奶的样子，简直**“令人窒息”**。
>
> ---
>
> 无论多么巨大，都要你抱抱，还把自己当个宝宝，还喜欢用屁股对着你的脸。

4 级渣猫

无论做啥，
都必须合它心意的——
“控制狂魔猫”。

MAO言： 很好，请保持我想要的姿势不要动，我要睡了！

铲屎官控诉：

猫粮不合口味就一“jiǒ”踢翻；睡在你腿中间，敢动一下就拿脚尖戳你，**控制欲极强且心里没数。**

偶尔也会捕捉小老鼠或蟑螂放到你床头，一脸看“废柴”的样子想**盯着你吃下去**。你不吃，它还会**“骂街”**。

这种猫咪危害值颇高，但又让人有点忍不住地小开心。

5级渣猫

特爱撩人，

但撩完就走的——

“茶艺猫”。

当你坐回去……

MAO言： 撩完就跑真刺激！

铲屎官控诉：

躺在那儿冲你翻肚皮，你一伸手它就跑或奋力反抗，好像你是个**“强抢民猫”**的恶霸。

假如你冷着它吧，它就又上来**“喵喵喵”地“勾搭”你**，结果撸了还没两分钟，又一个飞踹跑掉了。

撩了就跑，不负责任。

6级渣猫

曾以为它只爱你，

结果发现它是个人人都爱的——

“中央空调猫”。

MAO 言： 别急，我宠完 TA 再来宠你！

铲屎官控诉：

比养一只“傲娇”的猫更令人心塞的是，你的猫来者不拒，**对所有的“两脚兽”都很温柔体贴。**

平时总跟朋友显摆它有多爱你，等人家来做客，它却更热情地跑人腿上打滚、撒娇。

“暖猫”不好吗？好啊，可是总觉得，心里有点儿空落落的呢。

猫：你们“两脚兽”真难伺候！

MAO 言： 给我死！

铲屎官控诉：

从来不掩饰火暴脾气，**开心了上嘴，不开心了上爪，急了双管齐下，**你只有“嗷嗷”叫的份。

为此你查阅了**玩耍性攻击、转移性攻击、疼痛性攻击**等诸多术语，发现原来也不全是它的错。然后——**当然是选择原谅它啦。**

虽说被小猫咪揍只有 0 次和无数次之分，但你只能安慰自己：养猫的，**谁手上还没几道“勋章”啊。**

7 级渣猫

每天被它欺负得毫无还手之力，

动爪又动嘴的——

“家庭暴力猫”。

8 级渣猫

说好永远不分开，

却在短短几年或十几年之后就离去的——

“不守承诺猫”。

MAO 言： 铲屎官我先走了，你要好好的哦！

铲屎官控诉：

在一起的时候，明明说好不要分开，却最多只能陪伴我们十几二十年，就要回到喵星去了。但我的一生还这么漫长，**到底该如何面对接下来没有你的日子呢？**

我好痛苦，也许一开始没有遇到你就好了。

假的，这句话不算数，我们下辈子还要见面，说好了哦！

Chapter

02

养了猫，我竟然变成了这样

01 正常人变成养猫人后的典型症状

李小孩儿发现，
正常人类一旦吸上了猫，
就会不自觉地
做出一些**匪夷所思**的行为。

因此，
我们总结了
正常人变成养猫人后的
典型症状 。

赶紧来看看，
你是不是也中枪了？

典型症状1
沟通障碍

比起和人类沟通，

更喜欢和小猫咪交谈。

据不完全统计，99%的铲屎官都和自己家的小猫咪聊过天，而且这种对话无论是对小猫咪还是对人都有好处。小猫咪虽然不知道你在说什么，却能从中得到你的关注，有时还会“喵喵”地回应。

典型症状2
审美出现严重偏差

毫无感觉

长得奇奇怪怪的喵星人

疯狂点赞

典型症状3
消费行为冲动

对于一般的名牌产品

无欲无求，

产品稍微加点儿有猫元素的卖点，

现在、立刻、马上、必须拥有！

典型症状4
生活品质两极分化

铲屎的自己

“贫民窟少女” 啥都可以凑合，

我家小猫咪

但别的小猫咪有的，我家小猫咪都要有。

典型症状5
出行困难

正常人出门：

看风景、自拍，开开心心。

养猫人出门：

不断看监控，刚出门就后悔了。

典型症状6

智商下线

养猫前，“学霸”人设：

养猫后，“笨蛋”竟是我自己：

典型症状7

情感需求转移

有猫前：

曾经想讨好整个世界，

却依然孤独。

有猫后：

被全世界**嫌弃**也**没关系**，

也不再去讨好别人，

因为我知道，

小猫咪不会在乎

我是**贫穷**还是**富有**，

颜值是高还是低，

它们会一如既往地——

我不得不另辟蹊径，
换种方式寻找
小猫咪爱我的证据。

以上症状你中了几条？

全中的朋友恭喜你，
你已经成功脱离了正常人类的行列，
成为一个
“智商下线”“行为奇葩”“情感失调”的

幸福的养猫人了。

教你一句话惹毛养猫人

众所周知，
我们养猫的人
天生温柔善良、热爱生活，
崇尚爱与和平。

不过有的时候，
一句话也能让我们
瞬间“炸毛”！

比如，
有一次我和一位四川猫友聊天。

……

后来
我知道了，
四川的猫并不吃辣。

想激怒一个养猫人
其实很容易，
只要按照下面的方式
和他们聊天，
保证你会得到一个
被惹毛的“猫奴”。

1
当我喂流浪猫时，

有人会说：

我的 os（overlapping sound，指“内心独白”）：

实际上别人听到的：

2
当我的猫在熊孩子手里时，

有人会说：

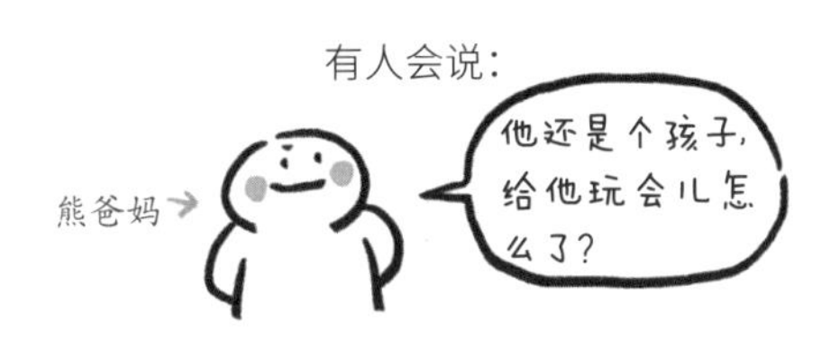

我的 os：

实际上别人听到的：

3
当我晒我的猫时，

有人会说：

我的 os：

实际上别人听到的：

4

当我对猫很好时，

有人会说：

我的 os：

实际上别人听到的：

5

当我和不熟的亲戚吃饭时，

他们一定会说：

我的 os：

阿姨对不起，管好你自己！

实际上别人听到的：

6

当有人想领养猫时，

我想领养只猫。

好呀，我认识挺多发布领养信息的朋友。

有人会说：

太好了。有布偶猫吗？美短、异短、英短也可以……

我的os：

我看你不是想领养，是想捡便宜！

实际上别人听到的：

对不起，

这事儿我忍不了！

7

还有些更让人“炸毛”的：

这种情况下，

此处无 os，
只有：

其实，
很多养猫人
应该都经历过**这些**。
很多人
也和李小孩儿一样，
只是心里万马奔腾，
很少真的口吐芬芳。

毕竟，
小猫咪带给我们的**爱与快乐**，
远大于那些不理解和不认同，
不是吗？
享受快乐就好。

不过，
对于伤害生命的行为，
我们也能随时拔出
40 米大砍刀！

因此，
答应我，
请不要惹毛一个养猫人。

小猫咪再丑，也没有我吸不了的猫

作为**吸猫无数**的**老牌铲屎官**，

我也曾

夸下海口：

结果，

现实总是马上

给我一记响亮的耳光。

比如，

网上出现的这只小可爱。

看它的背影，

平平无奇甚至有点**萌萌哒**，

一回头却

……

这颜值，

就连**吸猫无数**的我，

隔着屏幕也表示有点儿……

能力有限，

无法欣赏这个小家伙的**神颜**

奉上高清图给大家。

这也让我们不得不承认，

即使是**喵星人**，

也有长得让人

一言难尽的个体。

有人总结，
丑猫都有个特点，
那就是
长得像人，
比如——

五官乱飞喵

鳌拜喵

小眼喵

也有些猫长得
好像跨越了物种——

狗头猫

蛙形猫

包子猫

而在**芸芸丑猫**之中，
奶牛猫和**玳瑁猫**
凭借着**花色的优势**，
“奇葩”辈出。
说起来真是……

理想
过于美好，

现实
全凭运气，

成品

都是泼墨效果。

还有一些情况，

则是单纯的**品种问题，**

比如

经常获得**世界最丑猫**“桂冠”的——

无毛猫

无毛猫虽然丑，但是性格超级好！

还有新晋品种——

狼猫，

实力也不容小觑。

狼猫的英文名 Lykoi 来源于希腊语，意思为“狼人”，不过据说其性格也非常亲人。

总之，

有句话说得好：

美总是**千篇一律的，**

丑则能做到

丰富多彩、各有千秋。

但是，

只要你放下成见，

就会发现

丑猫也有不少优点。

首先，
丑猫都
超级亲人！
（不接受反驳。）

比如，
在有**很多猫**的朋友家玩，

每次招呼我的，

都是
最丑的那只！

其他“小仙女”
早就四散而逃了。

长得太美
果然是种负担呢！

猫行为学家发现，过度的抚摸会给小猫咪带来压力，对于敏感的小猫咪来说，真的是“猫猫不说，但心里苦”的状态。因此撸猫也要适当，如果小猫咪表示拒绝，就要停下来。

另外，
在喵星人的世界中，
丑到极致就是萌，
它们可以化身为“行走的表情包”。

每天都会被它们的脸
莫名地治愈。

甚至可以说，
我们的生活在一定程度上都是被这些
小可爱拯救的。

不过，
丑**带来的劣势**也很明显，
特别是对**流浪猫**而言。

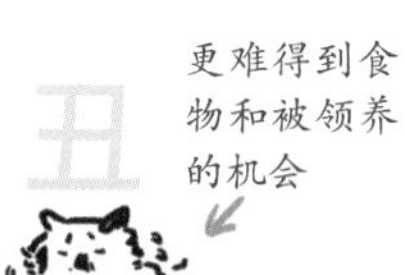

其实
它们都一样可爱。

比如

只要好好投喂，
丑猫
也有“逆袭”的一天。

不过，
从小丑到大的情况也**时有发生。**

长大会好点儿吧

丑得更明显了

说到底，
美 或 **丑，**
都是人类的评判标准罢了，
而每只小猫咪都值得
被宠爱。

总之，
这个世界上**没有丑猫咪，**
只有**下不去嘴的“两脚兽”**。

毕竟，
无论我们长成什么样子，
它们也没有嫌弃过……

04 那些年，小猫咪跑的酷和养猫人熬的夜

我要跟大家坦白：

我有黑眼圈，

而且最近越来越重了。

不过，

黑眼圈虽然长在我脸上，

凌晨开 PARTY 的

却不是我！

事情的真相是这样的——

00:00

我乖乖上床睡觉，

一个小时后，

01:00

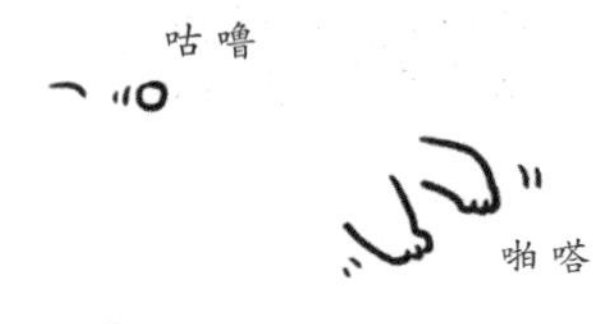

卧室跑酷时段开始了。

安静了一会儿后，

02:00

深夜食堂时段开始了。

消停了一会儿后。

04:00

唰啦

唰啦

唰

挖沙放味儿时段开始了。

我铲好猫砂继续回来睡后，

05:00

嗒

嗒嗒

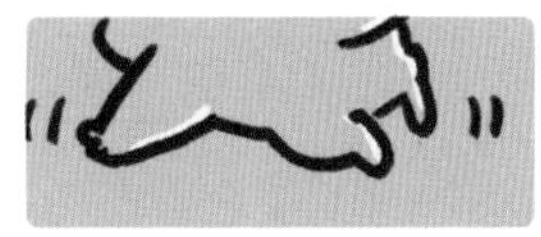

唰

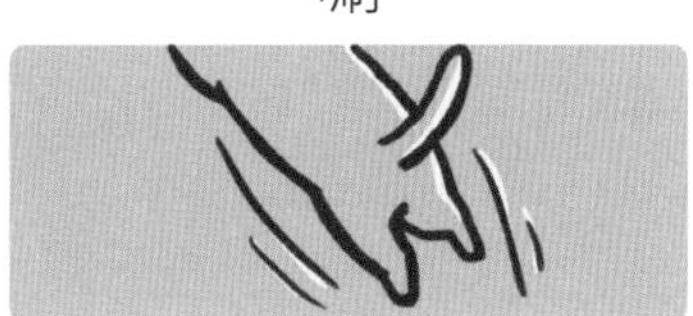

床头蹦迪时段开始了。

总之，

整晚都在蹦迪。

于是，

到了早上，

我就收获了一份更浓郁可爱的

黑眼圈 PLUS。

所以，

为什么可可爱爱的小猫咪

要在晚上搞这么多事情呢？

其实，

作为喵星人，

它们确实有自己的一套

时间管理方式。

1

生物钟和人类不同

清晨、黄昏、夜晚

都是小猫咪的活跃时间，

是它们捕猎、巡视领地的时段。

知识点①

2

白天睡多了

小猫咪每天要睡 10~16 个小时，

但大多数主人**作为打工人**，

每天不在家的时间也差不多这么长，

因此小猫咪白天都在睡觉，

只能在晚上折腾了。

知识点②

3

可能是饿了

夜间一般是小猫咪捕猎的时段，
因此有些小猫咪可能会保持
夜间进食的习惯，
因为肚子饿而
半夜嚼猫粮。

那么，
怎样才能阻止小猫咪在晚上活动，
有效避免铲屎官长黑眼圈呢？

首先，
白天给它们找点儿事做。
打工人很难白天在家陪“主子”，

但是，
你可以从环境着手。

其次，
多陪玩。

下班后别只顾躺着**玩手机。**
请激烈地陪小猫咪
玩上 30 分钟！

正所谓：
睡前逗一逗，
睡后不蹦迪。

另外，
你还可以尝试——

副作用：吃饱了可能折腾更起劲……

副作用：对已经习惯进卧室的小猫咪无效，
情况还可能变得更糟糕。

还有最后一种方法，
劝君不要轻易尝试。

前一天晚上……

小猫咪们夜间活动的可怕程度
超出你的想象。

所以，
睡什么睡？
人类，**起来嗨！**

知识点①

猎食动物的活动时间基本都与它们的猎物同步。小猫咪因猎食老鼠等夜行动物，所以会在夜间活动。当然，这也是基于它们良好的夜视能力。

知识点②

很多小猫咪晚上比较精神，也是因为这个时段主人在家，它们终于有了可以互动的对象。

知识点③

有些小猫咪肚子饿却找不到吃的，就会去骚扰主人。主人一旦爬起来去倒猫粮，小猫咪就会产生“只要这样做，就能得到吃的”的意识，以后吃夜宵的行为就形成习惯了。

知识点④

精心布置的房间能让喵星人即使自己在家，也有事可做。丰富的环境、足够玩耍的空间，不但能减少小猫咪在夜里折腾的次数，还能缓解它的压力，避免因为压力而带来的健康问题。

养猫多年，我终于发现了对抗猫毛的终极方法

养猫之前，
我以为养猫是一件**很优雅**的事。

毕竟小猫咪都是这么
好看又迷人。

然而养了猫我才知道，

原来猫是“植物”！

最终，
我就这样**被淹没**了。

而且它们
一年四季都在“播种”！

在**沙发**和**床上**，

在**杯子**里，

在**键盘**上，

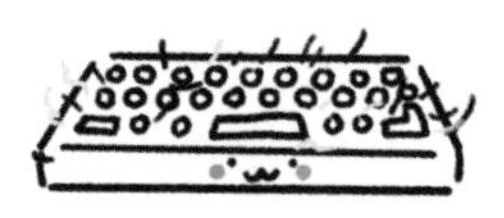

在每每每每一件衣服上！

直到某天我突然发现，
原来这是
喵星人的阴谋。

原来这些毛毛
是喵星人标记、驯服人类的证明。

就这样，
我开始了漫长的**与猫毛作战**的历程。

用**粘毛滚**

用**胶带**

用**橡胶手套**

用尽了办法，
却还是没能……拯救自己。

然后，
我发现许多养猫知识也是错的！

而且，
短毛猫也不比**长毛猫**
掉毛少。

许多纯种短毛猫都有三层厚被毛，
比如以毛发丰厚著称的英国短毛猫。

我翻了很多资料，
发现解决掉毛的方法不外乎以下几种：

- 多给小猫咪梳毛，
- 用吸尘器清洁房间，
- 不要让小猫咪受到惊吓，
- 让小猫咪保持健康。

总之，
在与毛毛战斗多年后，
我躺平了。

我发现结束这场战斗
最好的方法就是——

刚养猫时的我们：

现在的我们：

哪儿有毛？
我啥也没看见呀。

天热了，养猫人身上的伤快藏不住了

每当天气变热，
铲屎官们总会迎来更多
关爱的目光。

被我家猫
抓的而已。

所以……

炎炎夏日，
亲爱的铲屎官们
你身上的伤
还**藏得住**吗?

不过，
换句话说，
身上要没点儿伤痕，
还真不好意思说自己是铲屎官。

比如，

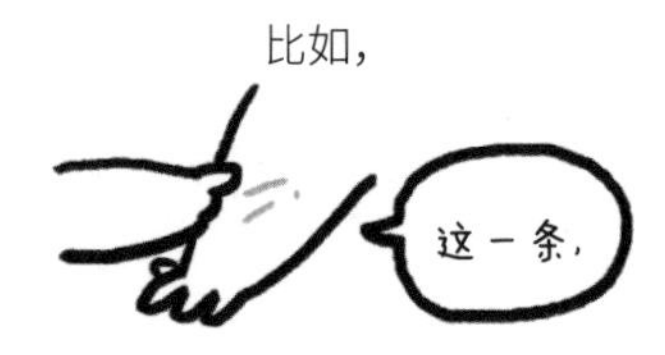

上次**洗澡**时抓的。

去**医院体检**时踹的。

最猝不及防的，

当时我**只是在撸猫，**
场面明明很温馨，

结果**撸着撸着，**
它就……

突然翻脸了。

细数起来，
这样的情况并不少。

睡觉被踢到，
来一口。

玩得开心了，
抓一道。

有时候还会上演
夺命连环踢。

想不挂彩，
真的太难了。

虽然说
偶尔被抓并不是大事，
（凑合过吧，还能咋地？）
伤痕还是**铲屎官之间**
互相识别的标志。

但实际上，
小猫咪不是**"暴力狂"**，
不会随便抓人、咬人。

它们的多数攻击行为，
其实是完全可以避免的。

1

小猫咪玩着玩着突然翻脸，
多属于玩耍性攻击。
这主要是因为小猫咪把主人的手当成了
狩猎和玩耍的对象。

为避免被误伤，
铲屎官一定要**用玩具和喵星人玩耍，**
任何时候都**不要用手逗猫。**

2

撸着撸着小猫咪突然咬你一口，
可能是在发出警告。

这里不能撸！
够了，**请停止！**

这也有可能
是小猫咪身体不舒服的信号。

3

这些行为也有可能是
应激自卫行为，

最常见的就是
小猫咪突然被吓到，

为保护自己而展开攻击。

原则上，
只要注意以上几点，
就能避免小猫咪 80% 的攻击行为。
不过，
也不是万无一失。

有一次，
小猫咪**半夜蹦迪**撞翻了水杯，
吓到自己后迅速逃走，
在逃跑的路上
顺便让我破了相！

知识点①

铲屎官要注意猫咪行为习惯的养成，当小猫咪是小奶猫的时候，被它咬一下可能没什么大不了。但如果它形成了错误的行为习惯，长大后还是这样玩耍，铲屎官肯定是受不了的。

知识点②

撸猫除了不要随便碰不可触碰的位置外，时间也不宜过长。很多时候，小猫咪已经用其他方式表示过拒绝了，但人类还不停止，它们就只好开挠了！

知识点③

某些身体疾病（外伤、心脏病、血栓等）可能会让小猫咪拒绝被抚摸。因此，如果小猫咪突然不让摸，甚至出现攻击行为，铲屎官就需要仔细观察，及时送医。

知识点④

小猫咪在受到外界非常强烈的惊吓时，会瞬间产生应激反应，为了迅速远离危险，会想尽办法逃走。此时任何挡在逃跑道路上的物体对它来说都是障碍，它会对其展开攻击，包括主人。

所以，无论出于什么目的，都不要吓唬小猫咪！

07 养猫10天 or 养猫10年？一个动作就能判断！

养猫人，养猫魂。
偷偷问一句：
你当“猫奴”几年了？

是入坑 10 天的新人

还是

养猫 10 年的“老司机”，

一个动作暴露你的身份！

比如，遇到以下情境，
你会怎么做？

情境 1
刚倒的水被主子喝了

养猫 10 天

我盖上还不行吗？

养猫 10 年

拿起来直接就……

情境 2
马上要出门，身上却都是猫毛

养猫 10 天

出门 10 分钟，粘毛半小时。

养猫 10 年

无动于衷，甚至有点儿骄傲！

甚至还能凭借标志
找到同好。

情境 3
日常铲屎

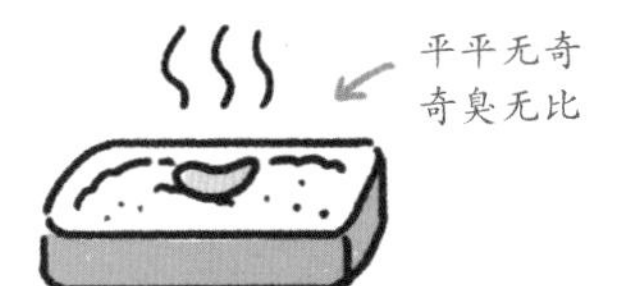

养猫 10 天

全副武装。

养猫 10 年

气定神闲，

（嗅觉逐渐丧失）

顺便还能出份

检验报告。

情境 4
夜间活动

养猫 10 天

睡眠不足，神经衰弱，

黑眼圈 PLUS。

养猫 10 年

岁月静好。

（听觉逐渐丧失）

情境 5 被主子揍

养猫 10 天

疯狂脑补，

就差立遗嘱了。

啊！

爱会消失的对不对？

为什么伤害我？

要不要打狂犬疫苗？

猫抓病

我要死了吗？

养猫 10 年

呃……

我手机呢？

这就发朋友圈秀一下。

总之，

养猫 10 年，

我们都改变了很多，

但是，

有一件事却……

养猫 10 天

养猫 10 年

养猫 20 年

不管过去多少年，
我们永远觉得，
小猫咪怎么那么可爱！

养猫人，
养猫魂。
无论入坑几年，
每个养猫人都是这么

可可爱爱！
(QI QI GUAI GUAI)

祝所有的小猫咪都健康又长寿，
陪我们 100 年！

08 “猫，养一只跟养两只区别不大！”多少人被这句话骗了？

俗话说得好：

当你养了一只猫，

第二只也不远了。

还有种说法我们也经常听到：

养一只猫和养两只猫其实

差不了多少。

事实真的如此吗？

恐怕你们已经想到了。

两只猫的生活，

远比你想象中的

丰（刺）富（激）得多。

（以下内容根据真实事件绘制。）

你以为的

两只猫的日常社交：

相安无事

相亲相爱

现实的分割线

实际上的

两只猫的日常社交：

狭路相逢

鸡犬不宁

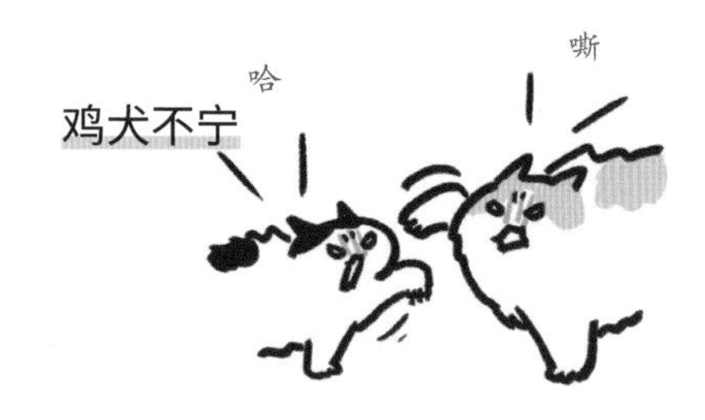

知识点①

你以为的

两只猫吃饭:

可可爱爱

现实的分割线

实际上的

两只猫吃饭:

刚吃一口

换着吃

奇奇怪怪

挤着吃

知识点②

你以为的

两只猫上厕所:

互学互助

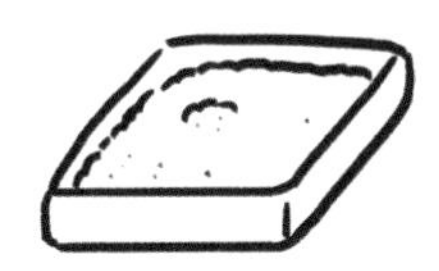

完美

现实的分割线

实际上的

两只猫上厕所:

只会互相带坏

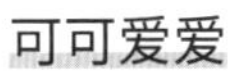

然而，
更令人惊喜的是——

你以为的
两只猫的排泄物产量：

1 只的产量 ×2 = 2 只的产量

现实的分割线

实际上的
两只猫的排泄物产量：

有两只猫的家庭最重要的就是
公平分配。

也许，
你以为的
公平分配：

你有我也有，
雨露均沾。

现实的分割线

但是，
实际上的
公平分配：

公平分配根本不存在。

接下来是人类最期待的
撸猫入睡环节。

你以为的
两只猫一起睡：

左拥右抱，

现实的分割线

实际上的
两只猫一起睡：

一起睡？你不配！

勉强睡到半夜，还会

从一只猫的狂欢，

升级为

两只猫的派对。

最后你会发现，

有两只猫的生活

并不是多了一只猫。

第二天早上

而是……

你，

才是多出来的那个！

而最让人无法接受的是，

你以为的

两只猫的日常花费：

买多了

不浪费

买一赠一

更划算

怎么都不亏。

现实的分割线

实际上的

两只猫的日常花费：

知识点①

如果第二只猫是新猫，原住猫因为自己的领地被陌生猫入侵，第一反应一定会警惕，很少出现铲屎官想象的欢迎场面，所以铲屎官要做好心理准备。两只猫如果进入家庭的时间差不多，相处会平和得多。

知识点②

不要被想象中美好的画面骗了。要想让多猫家庭的小猫咪们好好吃饭，饭盆之间一定要保持距离，“排排站吃猫粮”对小猫咪们来说一点儿也不愉悦。进食距离太近会让小猫咪进食时的压力增加，令小猫咪进食过快或互相抢食，毕竟别人碗里的东西总是最香的。

知识点③

有两只猫的家庭的如厕设施绝对不是简单的“原数量 ×2”，首先猫砂盆的数量就需要增加到“N+1”个，猫砂的消耗量也会变多。还需要注意的是，猫砂盆也需要分散放置，不要离得太近。如厕地点是非常隐私的重要地盘，最好不要重叠，否则会造成很麻烦的如厕问题。至于小猫咪为什么会互相学坏……至今没有标准答案。

和小猫咪一起长大

关于小猫咪和人类幼崽之间的关系，

有人说
有小猫咪陪伴的童年
才更幸福，

也有人说
喵星人和熊孩子
不可兼得。

和小猫咪一起长大
到底是种什么样的感受？

那些
养猫又养娃的家庭和普通家庭
差距到底有多大？

1

别人家的人类幼崽
说出的第一个词：

养猫人家的人类幼崽
说出的第一个词可能是：

2

别人家的人类幼崽
玩沙子：

养猫人家的人类幼崽
玩沙子可能是：

3

别人家的人类幼崽的
知识范畴：

养猫人家的人类幼崽的
知识范畴：

4

别人家的人类幼崽
不写作业的理由：

“玩游戏、追剧。”

养猫人家的人类幼崽
不写作业的理由可能是：

“我家有猫。”

5

别人家的人类幼崽
被猫抓了：

养猫人家的人类幼崽
被猫抓了：

总之，
当你问一个**猫娃双全的铲屎官**
这个问题：

他一定会说：

后悔我怎么
没能和小猫咪一起长大！

因为
和小猫咪一起长大的孩子
实在太幸福了！

和小猫咪一起长大
往往并不影响孩子的身体健康。

从小接触宠物的孩子与从小未接触宠物的孩子相比，患上过敏症的概率更低。养两只以上宠物的家庭的孩子，比仅养一只或没有宠物的家庭的孩子产生过敏反应的比例要低 67%~77%。

和小猫咪一起长大的孩子，
往往更少感到孤独。

小猫咪能有效缓解人类的压力，这对孩子们同样有效。有研究表示，有宠物陪伴的孩子，感到孤独的可能性更低。

和小猫咪一起长大的孩子

往往更有责任心。

从小了解该怎样照顾一个生命，怎样对一个生命负责的孩子，长大后也不会差。

和小猫咪一起长大的孩子

往往更有爱。

毛：这娃只能我欺负，你“奏凯”！

养宠物能从小培养孩子的爱心，让孩子在爱中长大。而且，小猫咪给孩子的爱不一定比父母给的少。

不过，

让喵星人接受一个人类幼崽，

并不是件容易的事儿。

家里突然多了个成员，喵星人也会面临很多压力。

因此，

想让喵星人和人类幼崽和谐相处，

需要做许多工作。

在孩子和小猫咪真正见面前，

要先让小猫咪**熟悉孩子的气味和声音，**

以免突然的环境改变给小猫咪带来压力。

不要让新生儿在没有成年人陪同

的情况下**和小猫咪独处。**

要教导孩子如何与小猫咪正确互动，

并明确指出不应该做的事情。

比如不要用力拉扯小猫咪，不要大声喊叫、追逐小猫咪，永远不要强迫小猫咪等。

可以让孩子帮忙照顾小猫咪，
比如做**喂食等简单、安全的工作。**

最重要的是告诉孩子，
猫咪是家人，不是玩具。

李小孩儿不建议专门为了
陪孩子而养猫，
更不要把小猫咪作为
孩子的礼物！

相信经过你的努力，

世界上一定会再多一个

母胎金牌铲屎官。

一切都是那么美好。

所以，
关于人类幼崽该不该
和小猫咪一起长大这件事，
你怎么看呢？

毛：本猫现在非常后悔……

Chapter

03

养了猫，才发现我们其实不懂猫

01

小猫咪的颜色都是怎么来的？

本节我们来看看
一只小猫咪
的颜色是怎么来的。

一只即将出厂
奔赴“蓝星”、
统治人类的小猫咪，
站在了要进行**最后一道工序**的门前。

首先，
选颜色。

接下来就要在
庞大的猫猫颜色库中
做出选择了。

这只是主色，
还有很多的淡化色系。

比如：

黑色及其淡化色系
（黑色的淡化色被称为蓝色），

红色及其淡化色系
（红色的淡化色被称为乳色）。

俗称——

（仅为示意图）

红色自带
吃货体质，
吃嘛嘛香身体好。

黑色充满
神秘感，
酷炫到没朋友。

那只能涂一半的量哟，
附加值也要打折哟！

接下来，
就到了愉快的涂色时间。

不过在这之前，
有几条安全事项
需要说明。

1

严禁躺在传送带上。

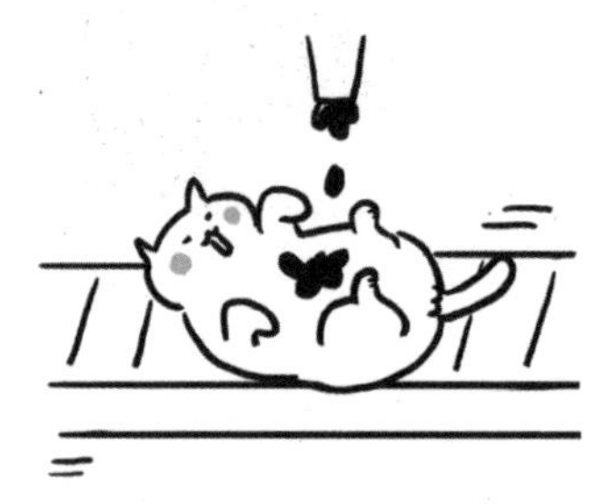

这个行为不但危险，

还会生成奇怪的颜色。

需要返厂重新喷，

小鱼干也不会退！

2

脸不要离喷头太近。

否则你会得到

一张画风清奇的脸，

比如：

或

3

保持自然，

一切交给运气。

接下来，

祝您好运！

不久以后——

还有细节手绘服务，

需要吗？

又想骗我的小鱼干吗?

明码标价，诚不欺喵。

30 个小鱼干
40 个小鱼干
10 个小鱼干
30 个小鱼干
50 个小鱼干
纯手绘!

嗯……

10 个小鱼干
这个吧!
最后 10 个小鱼干

请帮我点在这里。
没问题!
怎么样?
太好了!
现在我可以出发了，谢谢你!

这时，在“蓝星”上……

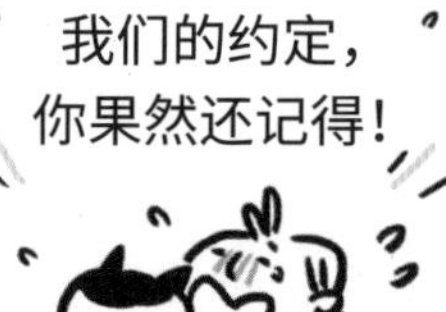

其实，
一段时间以前……

所以，
你恐怕永远不会知道，
小猫咪为了得到自己的颜色
付出了多少努力。

打折后，
黑色的附加值就不是神秘了。
而是——

知识点①

猫咪颜色的性别差异：

猫的毛色由基因决定（白色不算），而决定颜色的基因在猫的 X 染色体上，因此小公猫（XY）只能拥有一种颜色，而小母猫（XX）能拥有两种颜色，这也是三花色猫和玳瑁色猫大多是母猫的原因。

知识点②

为什么没有只拥有黑肚皮的猫？

真正的原因是：越靠近脊柱的地方色素细胞越活跃、丰富，白色作为抵挡色素生成的一种基因，在靠近脊柱的地方战斗力减弱，所以更容易占据远离脊柱的区域，如肚皮、四肢、尾巴尖、鼻尖等。

02 养了才知道，小猫咪根本就不喵喵叫

前几天有个粉丝问我
（是的，我竟然也有粉丝，我自己都不敢相信），
为什么她家的主子
从来都不喵喵叫？

有没有问题先不回答，
但我知道
不是一个人这样想。

“喵”
虽然是人类对猫叫声的总结，
但很显然，
很多小猫咪都没有接到这个通知，
叫声普遍随意。

喵星人中的话痨——暹罗猫

而有些小猫咪，
不好好喵喵叫就算了，
还开始说“人话”。

有些小猫咪甚至
能说很长很长的话。

难道说

喵星人根本不会

“喵喵喵”？

一起……

其实，

猫是不是喵喵叫

并没有那么重要。

它只是约定俗成的

形容猫叫声的文字罢了。

miāo

喵

而作为个体，

每一只小猫咪都是不同的，

叫声各不相同才是正常的，

不可能整齐划一。

更何况，

我们在形容猫叫声这件事上

也不统一，

各国都有各国的方言：

英国／美国

日本

看到这儿，
可能有朋友会问：
小猫咪也有方言吗？
那它们怎么沟通？

答案是，
各地区小猫咪的叫声可能存在差异，
但是对小猫咪的
沟通几乎没有影响。

因为
喵星人之间
基本不靠叫声沟通，
而是靠身体语言和信息素。

而**叫声**是
小猫咪在小时候用来和猫妈妈沟通的。

成年后家猫的“喵”都是留给
人类的。

为什么有时候
我们觉得**猫好像在说人话？**

首先，
这是因为小猫咪的发声系统，
能让它发出很多种声音。

知识点①

另外这要归功于
“蓝星人”丰富的想象力了。

（这里不得不佩服每位主人的翻译能力。）

而那些**特别长**
且**发音奇怪**的话，
大多是在**特殊情况下出现**的，
比如：

知识点②

知识点③

小猫咪发出这些声音，
都不是
在和人类聊天。

虽然我们知道
不是每只猫都会喵喵叫，
但是没关系，
我们会呀！

只要有猫在，
周围一定会有一群
喵喵叫的人类。

所以
我想问问：
你家猫怎么叫？

知识点①

一位盲人音乐家发现，小猫咪至少能发出100种不同的声音，远远超过汪星人。

知识点②

在发情期，为了让声音传得更远，小猫咪会发出和平时不同的声音，声音更大，持续时间更长，叫得也更频繁，已经超出了喵喵叫的范围。

知识点③

在小猫咪感到恐惧和愤怒时，它们发出的声音已经属于咆哮声和呜咽声了。这基本上属于动手之前的警告，表达的意思可能是：我不想你在我的地盘上出现，请走开！再不放手我就要……怂了……

猫从高处掉下来不会受伤？原因只有这一个！

一只小猫咪

如果脚下一滑，

从高处掉了下来，

四爪离地后不到 0.1 秒，

它的**平衡器官**就会反应过来，

并启动传说中的

翻正反射。

它会先让头部向下转动，

看到下落的位置。

柔韧的脊柱、灵活的锁骨、强大的肌肉群

都会为接下来的动作提供基础。

这不是所有的动物都能完成的，

狗狗们不要学！

接下来，

小猫咪会扭转身体，

将前半身与头部

调整至同一直线，

同时后半身也在旋转。

然后，

它会**折叠身体**

以减少角动量，

并保持后腿伸展。

接着，

它的四肢会打开，尽量向下伸展，

微微向侧面撑开，

同时后背弯曲，

以减缓落地时的冲击力。

最后，

它们就会

准确无误

并

毫发无伤地落在

铲屎官的

肚子上。

是的，

这就是

小猫咪从高处落下不会受伤的

终极原因。

接下来是辟谣时间。

小猫咪从高处落下，确实会快速激活自我保护机制，这可以让一些小猫咪幸存下来，把危险降到最低。但这并不是说小猫咪每次都不会受伤，也不是说小猫咪摔不死！

实际上，

每年小猫咪从**高楼坠落**摔伤甚至致死的案例

比比皆是。

一天之内找到的两只猫都是不好的结果。
上午 16 楼坠楼的金渐层最后走了，
晚上田园猫多多被我们队员找到的时候，
已经静静地躺在地上没了呼吸。
寻宠职业生涯里最不想遇到的就是这种情况，
请看护好猫咪安装防护窗。
太多惨痛的案例摆在眼前了！

◇喵星人 我家老板骨折了，把嘴也摔烂了。护士在喂它吃流质。大家还是把窗关好。它是不小心坠楼的。我送去医院时，医院里还有一只猫也是坠楼。真的要引起重视了。

高楼坠猫存活率高？

不要信！

之前盛传的实验中，所谓的高楼坠猫存活率高达83%甚至90%的结论并不准确。当时的研究者只提取了被送到医院的坠楼的小猫咪的成活率，那些没到医院就死亡的小猫咪的数据根本没有被列入！

相对而言，

下面这组数据才要引起我们的重视。

一项对119只小猫咪高空坠楼伤情的统计分析显示：

坠楼中59.6%的小猫咪不满一岁，46.2%出现四肢骨折，10.9%出现休克，33.6%出现胸部创伤（其中60%出现气胸，40%出现肺挫伤，10%并发胸腔积液）8.4%出现鼻出血及四肢骨折、鼻出血、腭裂、气胸等高楼坠伤四联症！

正所谓安全面前无小事，

如果楼底下没有**铲屎官**垫着，

那么，

养猫必须封窗！

震惊！温度每下降1℃，就有一只小猫咪“失去”爪爪！

天气越来越冷，

随着温度的降低，

小猫咪也会发生季节性变化，

铲屎官需要格外留心。

温度每下降 1℃，

就有一只小猫咪会

“失去爪爪”。

变身

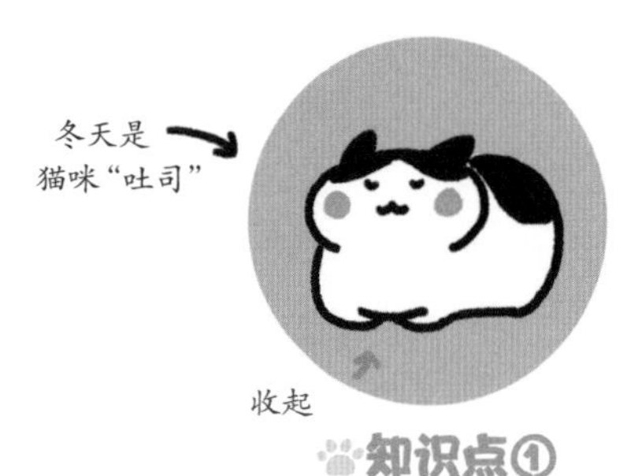

知识点①

小猫咪花色不同，

“吐司”口味也各不相同。

牛奶“吐司”

黄油“吐司”（家庭装）

每一款都热气腾腾、

软糯可口。

“大猫”也会有同款揣手动作哟。

温度继续下降，

于是有些小猫咪决定去

“做个发型”。

发型制作中

但是，

造型有**风险，烫头**需**谨慎。**

有些没有经验的小猫咪很可能遭遇——

烫头中

造型失败。

烫头后

温度持续下降中，

寒冷的夜，某些铲屎官还会

失去他们赖以生存的——

温 暖

被 窝。

不过这都不重要，

重要的是

30 分钟过去了，

被窝还在，热气儿没了。

温度持续下降，

当各种取暖设备上场时，

小心它们会像**长蘑菇**一样

长出猫来的。

冬天的暖气
受宠若惊

某些多猫家庭
还会出现难得一见的

神秘会议。

什么时候结束会议啊？
让我也烤烤吧！

此时，
也是享用**限定“美味”**的好机会。

比如，

（此为危险操作 请勿模仿）

又香又软的爪爪棉花糖
（据说爪爪是爆米花味儿的）

和

热乎乎的烤团子，

只是需要保持距离并及时翻面，
否则
很容易烤糊。

总之，
天气越来越冷，
各位小猫咪取暖时请一定注意
安全第一。

更要小心的还有

某些冻手冻脚的铲屎官

做出的

令人发指的行为。

不过

在寒冷日子里，

实在没有什么

比一只小猫咪更暖的了，

不是吗？

小猫咪揣爪爪不仅仅是因为冷。这个可可爱爱的动作，除了起到为爪爪保暖的作用，也多半意味着小猫咪处在舒适并令它有安全感的环境中。

知识点②

小猫咪总会找一些“奇葩”的地方取暖，请铲屎官一定留意居家取暖安全，特别是对一些“智商出众”的小猫咪而言，取暖有风险。

知识点③

如果用小太阳等取暖设备取暖，小猫咪很容易因为靠得太近而发生危险，轻则毛被烧焦，重则造成烫伤，请铲屎官考虑设置安全防护设施。

而且，就算只是趴在暖气上，时间太长也可能会导致小猫咪低温烫伤或脱水。所以当小猫咪趴在暖气上时，请在暖气上垫个垫子，或过一段时间把小猫咪叫起来喝点水。

把小猫咪放进航空箱需要分几步？

本节的主题是，
把一只小猫咪
放进航空箱需要分几步？

这恐怕是一道送分题。

第 1 步

拿出航空箱。

第 2 步

抱起小猫咪

（当然要先找到它）。

第 3 步

把小猫咪

塞……

进……

去……

本期示范“翻车”。

但是，
为什么小猫咪对进航空箱
如此抗拒呢？

因为在小猫咪看来，
航空箱或猫包其实是
这样的：

吃猫怪兽

小猫咪认为一旦被“吃掉”，

就会在陌生的地方失去自由，

会被强迫带进铁皮怪，
被颠得晕乎乎的，

然后就会被“白大褂”这样那样！

时间长了，
小猫咪就会对航空箱
产生不好的条件反射……
认为一旦进去就没好事。

那么，
要怎样才能让小猫咪
不害怕航空箱呢？

第 1 步

平时就把航空箱放在家里，
并把它变成一个“猫窝”。

第 2 步

铺上软垫，做些布置，
让小猫咪习惯它、喜欢它，
甚至觉得它是
安全又温暖的家和秘密基地。

第 3 步

需要带小猫咪出门的时候，

只要关上门

就可以**把小猫咪“骗”走**啦！

完成！

如果骗猫失败，

需要采取强制手段，

也应该有技巧。

正确姿势应该是——

1

把航空箱**竖起来**并打开盖

（或选用可向上开口的航空箱）。

2

一只手抓住小猫咪的前足，另一只手抓住后足，

用两手**将小猫咪控制住。**

3

将小猫咪头朝上，

迅速塞进事先打开的航空箱里。

4

在小猫咪反应过来之前，

将箱子关上然后放正。

我的小猫咪为什么不让抱？

小猫咪们常常**被迫营业**，
其中少不了各种
亲亲、抱抱、举高高。

花样繁多，
还能

甚至是……

然而，
世界上还有一些人，
明明有猫
却总也抱不到！

我家就有这样一只抱不到的小猫咪。

给多少小鱼干，

都抱不到的那种！

不能抱抱虽然也不是什么大事，
但每次看到
别人家的猫可以被那样子抱着，
还是会被“酸到”！

为什么有的小猫咪喜欢被抱着，
而有的却不喜欢呢？

背后的原因很复杂，
我们一个一个来了解。

首先，可能是抱的姿势不对。

除了前面**“作死”**的**机关枪抱法，**
以下这些姿势也是错的。

猫不喜欢
双脚离地

不但不舒服，
还缺乏安全感

拉前肢

会让关节受伤，
绝对禁止

抓后颈

猫妈妈对小奶猫才能用，
成年猫的体重无法承受

想成功地抱起一只猫，
正确的姿势
应该是这样的。

“老司机”
抱猫教学

这个过程中，
猫可能会被拉长，

这个时候只要
托住猫的后肢，

成功！

重点是要给小猫咪足够的支撑。如果猫比较大只，可以尽量让它们贴近你的身体以增强稳定性。一旦小猫咪感到不安全或不舒服，就会马上逃走。

其实，
只要给小猫咪**安全感**和**稳定性**，
很多姿势都可以成功地抱起它们，
比如——

趴肩式

一定要先给猫剪趾甲

婴儿式

对不喜欢肚皮朝上
的小猫咪慎用

上肩式

也有很多小猫咪喜欢踩在
肩膀上的踏实感

抱枪式

对某些大型猫来说，
这个姿势很稳定，
但是不要“突突突”

但是，
抱猫最重点的是
小猫咪愿意。

事实是
很多小猫咪都**不愿意被抱住。**
这对小猫咪来说是非常**自然**的行为。

毕竟，
作为小型动物
在野外如果**被大型动物抱住**，
多半意味着……

要被吃掉了！

所以，

小猫咪不喜欢被抱抱是
很正常的。

不过，
为什么**同样**是**小猫咪**，
有些就喜欢被抱呢？

一家鱼干养两样猫，

主要原因有两个。

1

遗传因素

猫妈妈喜欢被**抱抱**，
孩子多半也喜欢**被抱抱。**

比如布偶猫，
简直就是为了满足
人类喜欢抱猫的怪癖
而生的。

2

社会化良好

出生后的 1~6 个月
是小猫咪学习社会规则的时期。

如果在这一时期
小猫咪经常和人类相处，
习惯了人类的抚摸和拥抱，

就会了解到
这并不是可怕的事，
并慢慢习惯这种相处模式。

如果
小猫咪**社会化不良**甚至遭受过**伤害，**

它们有可能一辈子
都不能接受类似的接触。

不过请记住：
不想被抱
并不意味着猫咪不爱你，
拥抱、亲吻
都是人类表达爱的方式，
并不是小猫咪的。

小猫咪明明还有很多**表达方式**啊。

最后，
如果你有一只**爱抱抱的小猫咪，**
那真的很不错。
但如果你的猫咪**并不喜欢拥抱，**
也请坦然地接受它吧！

因为
这就是猫啊！
非要抱抱的话……

去养只狗狗吧！

07 小猫咪最常用的几种身体语言

比起喵喵叫，
其实小猫咪最常用的是**身体语言**。
本节我们介绍
它们最常用的几种身体语言。

建议所有铲屎官熟读并背诵，
特别是最后一条哟！

1 你好，你回来啦！

尾巴竖起，眼睛向前看，身体放松，
有时候还会喵喵叫。

os：懂事的话，就赶紧开罐头！

2 你谁？你要干哈？

身体坐直，耳朵向前，尾巴围绕身体，眼睛睁大，处于警惕状态。

os：劝你善良，我可盯着你呢！

3 嗯，舒坦！

身体放松趴卧或者“母鸡蹲”，
眼睛半睁半闭，看起来像在鄙视人类，
但实际上是放松状态。

os：不用上班真的好舒服……
（没有鄙视的意思）

4 走开！我很凶哟！

身体弓起来，被毛炸开显得大一些，
耳朵贴近头部，
还会发出“嘶哈”的声音。

os：我要被吓坏了，
拜托赶紧离我远点！

5

太……太恐怖了！

身体向后蜷缩，
尾巴和耳朵贴近身体，瞳孔放大，
似乎想找地方躲起来。

os：那个穿白大褂的家伙，
求求你不要再靠近了。

6

什么情况？

身体舒展，头部向前伸，
尾巴保持水平，耳朵和胡须都向前，
似乎在搜集信息。

os：诶？好像有人在开冰箱！

7

烦死了！

尾巴大幅度地左右摆动，
头部略低。

os：别靠近我，再这样我就“炸”了！

8

都是我的！

用身体围绕一个物体或人类，
用头部甚至全身摩擦。

os：签上名字，盖上章，
让你再出去胡来？

9

人类，来玩呀！

在地上打滚还露出肚皮，
意思是信任并邀请玩耍，
并不是让你揉肚子。
但有些特别心大的小猫咪怎么都行。

os：来吧，但是你要是用手，
我可能会把它
挠成肉丝儿！（不是。）

10

状态切换中。

伸懒腰主要意味着状态的切换，
比如从刚睡醒切换到活动状态，
或从普通状态切换到玩耍捕猎状态，
说白了就是在“换挡”。

11

屁屁代表我的心。

用屁股对着你，抬起尾巴屁股怼脸，
是想起妈妈为它们舔舐排便的美好回忆，
这时候说明它把你当作亲妈一样看待。

12

wink！爱你哟！

看着你，并慢慢地眨眼睛，
意思真的是爱你！这个时候如果你也
眨眼回应，会让关系更进一步。

os：我都表白了，
赶紧回复！

本节的教学到此结束，
小伙伴们，
你们学会了吗？

做小母猫才有的快乐，竟然这么多？

虽然人们普遍认为
公猫会更轻松些，
但是，
世界上也有很多快乐
是小母猫才有的！

比如
右撇子的快乐
（小母猫多是右利爪。）

国外曾经做过一个研究，
发现小猫咪也有“利手习惯”，
其中超过半数的小公猫是左撇子，
而小母猫则更多是右撇子

★我们可以通过观察小猫咪常用哪只爪子玩玩具、刨猫砂来判定“利爪”，但也有很多小猫咪左右爪并用。

但是这并不代表着左撇子猫更聪明哦！
实际上
有人认为左撇子的小猫咪
脾气比较急躁，

而右撇子的小猫咪
比较冷静、淡定。

所以，
有人认为这代表小母猫们也许更偏向
冷静、聪慧。
~~而小公猫更憨厚。~~

还有
秀气小脸的快乐，
颜值 100 分！

小母猫们由于
激素、骨骼以及肌肉的发育，
多数只有小尖脸和小圆脸，
没有小公猫们那样的
大大大脸。

当然，脸型也和品种相关。

如果从人类的角度看，
小母猫们个个都是颜值出众，
甚至不需要小脸滤镜。

还有
肆意殴打小公猫
的快乐。

First blood！

Double kill！

Quadra kill！

而且小公猫通常
不会还手。

会这样，
还是因为小公猫们
太弱！
太"渣"了！！

这不仅体现在大多数小公猫
只管"播种"不管生养，

还因为小公猫通常
很快就会离开。

这样看来小母猫好像不但不快乐，
还很辛苦啊？
但有一点
确实是小母猫独享的快乐。

那就是在自然界，
她们不仅可以**自由选择**对象，
完全由自己决定交配期跟谁好，

还可以同时怀上
好几只公猫的崽呢！

这叫作同期复孕。

小猫咪为啥总看窗外，是想离家出走吗？

你家的小猫咪也喜欢看窗外吗？
是不是除了吃饭、睡觉、拉臭臭，
恨不得一整天都趴在窗台上？

这是为什么呢？
很多“两脚兽”脑补了很多原因。

想离家出走？　外面有人了？有猫了？
嫌弃铲屎官？　向往自由？

但是真的要带它们出门时，
它们却……

其实，
小猫咪喜欢看窗外的理由之一
确实是解闷，
但它们真正的想法其实是——

窗户对小猫咪来说就像个
4D 电影院。

你以为小猫咪看窗外时的 os
是这样的：

但实际上，
窗外的世界
比看电影还精彩。

7:00
准时收看鸟类世界或昆虫大观。

鸟类会让小猫咪更加兴奋。

10:00

发现附近的狗狗在楼下“团战”。

如果狗狗离窗户太近可能会让小猫咪不快。

14:00

与对面楼准时出现的阿呆隔窗对骂。

终于吵赢了！喵！

18:00

太阳准备落山，树影摇摇曳曳，

这也很令喵沉迷。

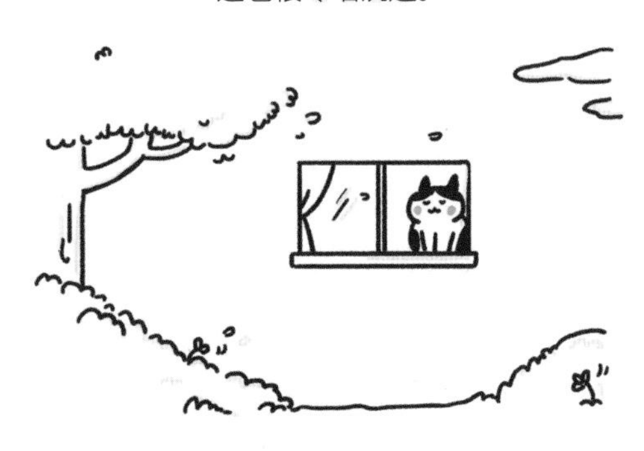

22:00

借着微弱的灯光，

小猫咪津津有味地欣赏风景。

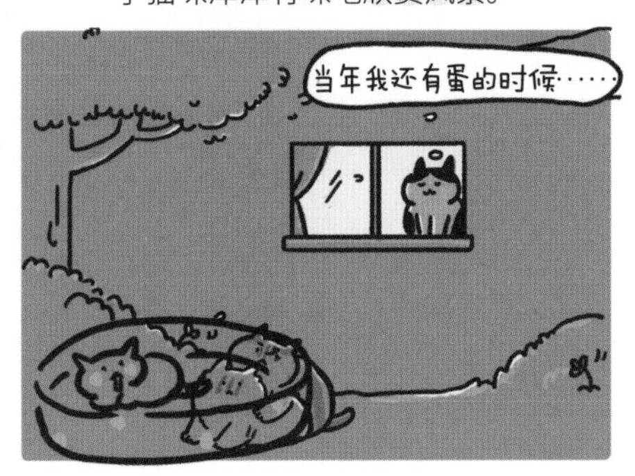

于是，

小猫咪就这样度过了

充实又有趣的一天。

真是感谢这个

高清 4D 豪华大影院呢！

对小猫咪来说，看看就足够了。

但是对小猫咪来说，
窗外虽然有趣，
它们却不一定想要出去，
站在窗边向外张望，就像是
站在自己的领地里向外巡视。

所以你也不用有啥心理负担，
大多数小猫咪都**喜欢家里安稳、富足**的生活，
只是——

有一扇风景不错的大窗户，

确实是有猫家庭
需要努力实现的目标呢！

有些国家甚至要求如果猫不能出门，
就一定要有能让它们看到街景的窗户。

最后，
别忘了加固窗户哦！
风景虽好，也要注意安全。

小猫咪和你怎么睡，暴露了它有多爱你

问个问题，

有猫之后

你都是怎么睡觉的？

有些人类

表面上睡得波澜不惊，

实际上

被窝里有多难受，

（透视图）

只有自己才知道。

不过你还需要知道的是，

和你一起睡

其实是小猫咪表达爱意的一种方式。

通常在一群猫中，

小猫咪总会选择跟最亲密的伙伴

睡在一起。

所以如果你

每晚都被小猫咪“翻牌子”，

那你绝对是它的真爱了！

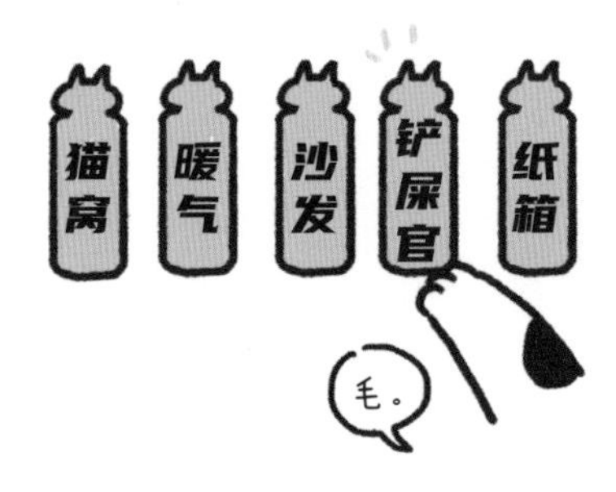

不仅如此，

小猫咪和你睡觉时的位置，

还暴露了

它有多爱你。

赶紧看看你们是哪一种。

互不干扰型：
觉得你是个不错的室友。

爱意指数 ♥♡♡♡♡♡

小猫咪愿意睡在你的旁边，却有意和你保持一段距离，说明它对你有一定的信任，觉得你是个不错的人类，但也有随时去别的地方睡的打算。

贴心暖脚型：
当你是有趣的玩伴 。

爱意指数 ♥♥♡♡♡♡

小猫咪喜欢在脚边守护着你，是很爱你的表现。但因为你的脚经常动来动去会影响小猫咪的睡眠，它们也会时常换位置。不过，这里玩扑脚游戏也挺方便……

绕膝抱腿型：
把你当作可信任的伙伴。

爱意指数 ♥♥♥♡♡♡

你弯曲的膝盖围绕的区域对小猫咪来说充满安全感，是特别理想的窝。它们通常会蜷缩成一团，以符合此区域的形状。这说明它对你特别信任哟。

掏心掏肺型：
你就是有爱的家人。

爱意指数 ♥♥♥♥♡♡

小猫咪趴在你的胸腹部，不但温暖，还可以听到你的心跳，闻到你身上的气味。这些会令它更安心，让它觉得就像回到妈妈的怀抱一样。

头等重要型：
顾名思义，
你就是它心中头等重要的人。

爱意指数 ♥♥♥♥♥♥

小猫咪实在太爱你了，想一直闻着你的气味，想一睁眼就看到你的脸，所以才睡在你的头部。但也有人认为，头部是人类全身最温暖的地方，而且相对于手脚更稳定，不会动来动去，所以小猫咪才会选择睡在这里，跟爱无关。

“吾皇万睡”型：
整个床都是朕的！你有意见吗？

爱意指数 ♡♡♡♡♡？？

小猫咪睡在床的正中心，而且像八爪鱼一样占了整张床，能不能找到地方睡，就看铲屎官的功力了。

不过，
除了以上的位置和姿势，
还有一些小猫咪
睡觉不讲道理，

招招要人老命！

胸口碎大石

泰山压顶

翻滚锁喉功

夺命神功

总之请记住：
无论你家**小猫咪是哪一种睡姿，**
其中都包含了
它们沉沉的爱意，

而你只要
好好享受**有猫陪睡的时光**就好。

这时候，

享受沉沉沉沉的爱
真的需要勇气！

多猫家庭示范睡姿

所以，
你和你的小猫咪
每晚都是怎么睡的呢？

后记

养猫，原来我从未后悔过

虽然前文这些瞬间

已经足够让人崩溃，

然而，关于“当初为什么要养猫”，

最高赞的答案

却不是它们，

而是——

为什么会

一句话都不说，

就这样离开呢？

为什么

必须有分别的一天呢？

这一刻，

我

是真的

再也不想养猫了。

我后悔了，

相遇的那天，

不应该一时兴起

把一个生命带回家。

在这之前，

我完全没有想过

养猫原来是这样的。

原来一只小猫咪

能拉**这么多臭臭、**

掉**这么多毛、**

花**这么多钱！**

留下这么多回忆。

但是，
现在我连这些回忆
都不想要了。

这时，
猫猫天堂那边——

……

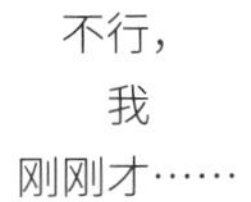

不行，
我
刚刚才……

果然还是……

所以……

是你送它来的吗？

是你没错吧？

那个人类
会好好生活的，
因为有你来过。

我其实
永远不后悔
曾经养过猫！
一点儿也不！

即使知道
终点令人悲伤而且无法改变，
这段路
我依然想和你一起走。

附录 01 人类 VS 小猫咪 趣味年龄对照表

* 本图表仅根据人类和小猫咪的寿命作参考对比哟，其实小猫咪的"猫生"阶段和人类怎么可能一一对应呢？

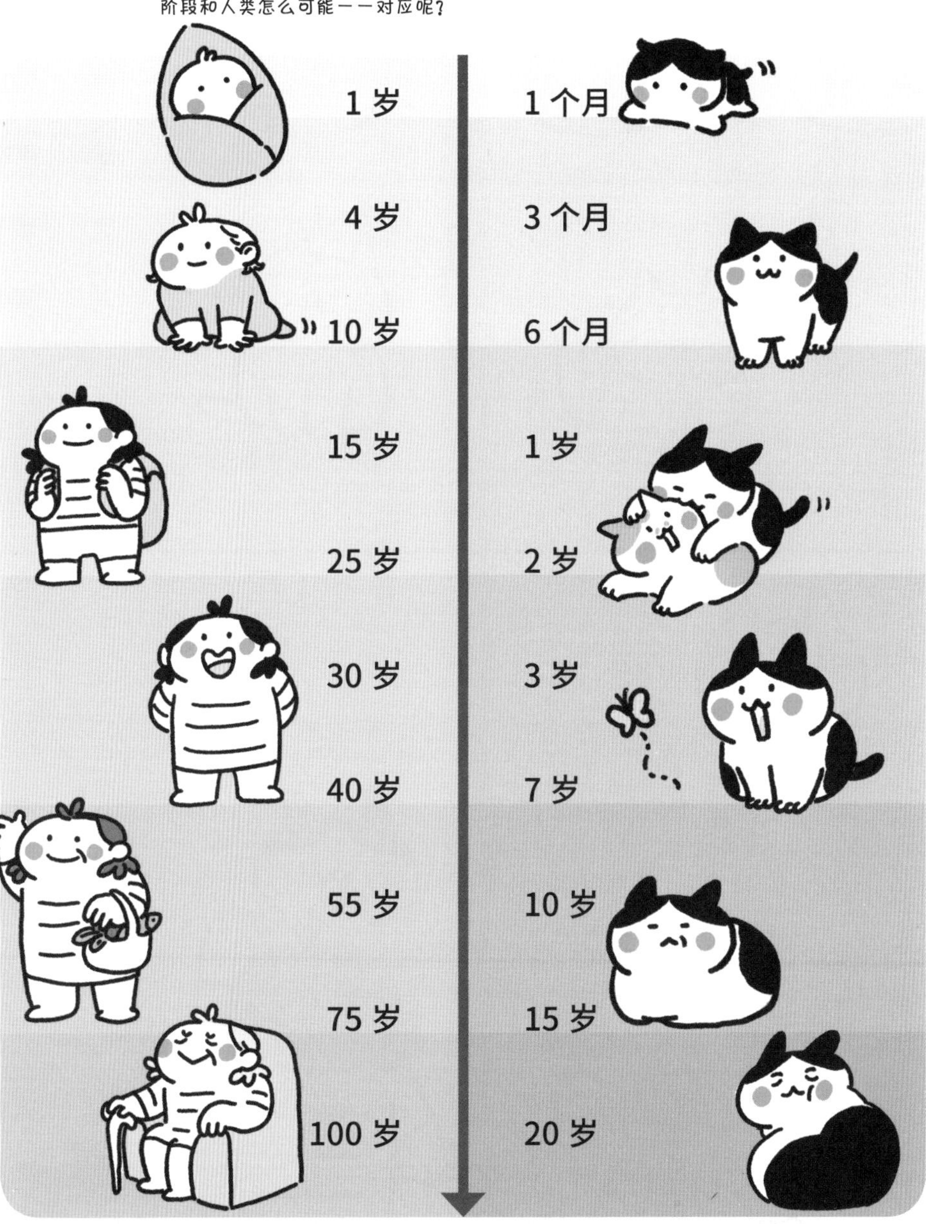

附录 02

一起来画小猫咪

先画 1 个椭圆。

在椭圆的顶部画出 2 个“尖尖”。

加 2 个黑点和 1 条“w”形弧线。

画上“灵魂”的红晕

猫猫头完成

猫头下面再加 1 个椭圆。

小猫咪在揣手

也可以画成站着的小猫咪。

小猫咪在看着你

自由发挥，涂上喜欢的颜色试试看！

附录 03

毛毛写真大公开

妈，我已经五分钟
没有吃饭了！

毛~没错，这些
都是我本毛。

每天送自己一个
“哈哈哈哈”！

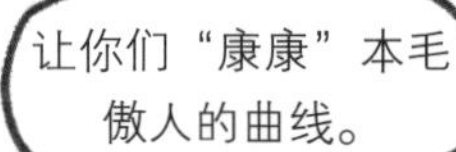

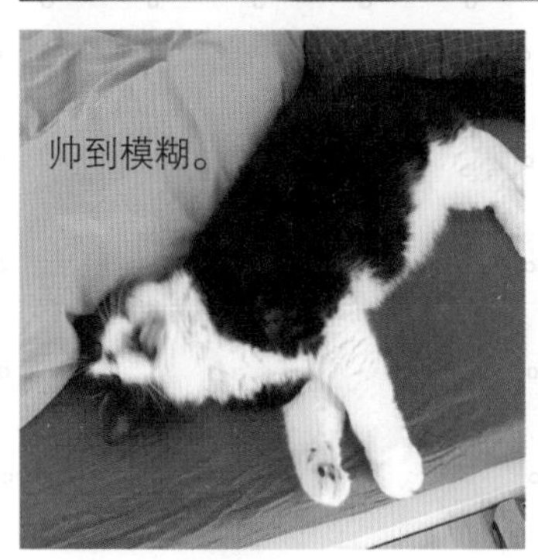